Homemade Cold Pressed Juice

安心酵素，
即榨即喝冷压蔬果汁

（日）岩本惠美子 著

龚亭芬 译

光明日报出版社

将冷压蔬果汁快乐地持续下去

饮食与健康、美容有直接且密不可分的关系,很多饮食理念也是流行得快,退烧得也快。有这种感觉的人,应该不止我一个吧!

由于工作上的需要,很多饮食理念我会试着接受并尝试,但最后是否采用,以及判断的标准则在于自己内心的意愿。五花八门的饮食理念中,偶尔也会有某种东西特别吸引我,甚至还让我身陷其中。但是,符合内心的标准且又能持之以恒的就是冷压蔬果汁(Cold Pressed juice),也可以说是天然未加工的蔬果原汁(Raw juice)。

我喜欢从一杯果汁中就能摄取大量的酵素、维生素、矿物质等各种营养素。而且制成果汁后,剩余的蔬果渣也不要丢弃,活用在料理中,既不会制造垃圾,也不会造成浪费。

能够为自己减压,并为家人带来健康,我对于能够养成如此正确的饮食习惯感到自豪。

这本书并不是特地用来推广减肥、排毒,而是希望能够将冷压蔬果汁的魅力介绍给大家,让大家可以更轻松、更持之以恒地享受健康又美味的冷压蔬果汁。

岩本惠美子

Table of contents

004 将冷压蔬果汁快乐地持续下去

009　Chapter 1　认识冷压蔬果汁

010　何谓冷压蔬果汁？
012　冷压蔬果汁与思慕雪、其他果汁有什么不同？
014　持之以恒的诀窍在于不勉强
017　食材的挑选与切法
018　慢磨机的挑选方法
020　食材的搭配方式

023　Chapter 2　基础制作

024　红色蔬果汁
032　橙黄色蔬果汁
040　绿色蔬果汁
048　紫色蔬果汁
056　白色蔬果汁

065　Chapter 3　简单组合

066　添加超级食物与香辛料
067　初次添加在食谱中的读者
068　加一些超级食物，使功效加倍！

072 香辛料调和味道与香气，享受百喝不厌的冷压蔬果汁！
076 简单的双食材组合

083　Chapter 4　开启冷压蔬果汁的生活吧！

084 用冷压蔬果汁度过一天
085 "一日蔬果汁"菜单的初学者
086 集中修补疲劳带来的损害
088 打造美丽肌肤
090 体内环保，净化排毒
092 活用蔬果渣的料理食谱
092 沙拉酱
093 汤品
094 炖物
096 煎饼
097 肉丸子
098 咖喱

专栏

022 保存容器
064 自制坚果饮料
082 蔬果渣的保存方法

100 冷压蔬果汁食材索引

Chapter 1
认识冷压蔬果汁

何谓冷压蔬果汁？

不加热，纯粹榨取蔬果水分所制成的果汁，称为冷压蔬果汁（Cold Pressed juice）或天然未加工蔬果原汁（Raw juice）。天然未加工蔬果原汁（Raw juice）中的"raw"与近年来热门的生机饮食（Raw food）中的"raw"意思相同，指的是天然未加工处理，所谓"Raw juice"，就是指天然、未加工处理的原汁。生机饮食以低于48℃的温度烹调食物，而天然未加工蔬果原汁则是以低温低压的方式榨取果汁。这个低温低压榨取果汁的方法就称为冷压（Cold Pressed）。

使用带有螺旋转轴的果汁机或挤柠檬的榨汁机，以低速低温低压的方式慢慢榨取蔬菜或水果中的水分。通过这样的方式榨取果汁，能够最大程度地避免不耐高温的酵素、维生素、矿物质遭到破坏，尽可能多地将蔬果中的营养素摄入体内。

如果使用高速或离心式果汁机，就无法制作出冷压蔬果汁。

最大的优点是代谢性酵素

酵素、维生素、矿物质等都不耐高温，常会因高温烹调而遭到破坏。若能在最接近食材的原始状态下食用，就能够确保完全吸收食材的营养素。

酵素是体内进行消化、吸收、代谢、排泄等活动时不可或缺的蛋白质，协助身体将营养素从食物中分解并消化，然后加以吸收。

酵素可分为"食物酵素"和"潜在酵素"。食物酵素，顾名思义就是富含在食物本身的酵素，尤其是未经加热过的食物或发酵食品。

潜在酵素，是原本就存在于人体体内的酵素。潜在酵素可再细分为"消化酵素"和"代谢酵素"。消化酵素，负责消化食物与吸收营养素；代谢酵素，负责促进新陈代谢、排出有害物质，进而提升免疫力。这两者是维持身体健康非常重要的酵素。潜在酵素和食物酵素的比例会依摄取的食物而有所不同。举例来说，若只吃加热的食物或需要花时间消化分解的肉类，因食物本身不含食物酵素，潜在酵素的比例会以消化酵素为主，用来协助分解食物。相反，若多摄取一些未经加热的食物，因食物本身富含食物酵素，人体无需分泌过多的消化酵素协助分解消化，在比例上，代谢酵素就会多一些，代谢能力也会随之提升。

代谢酵素增加，新陈代谢就会旺盛，身心会更加健康。排出有害物质有助于改善便秘、美丽肌肤，还可以活化细胞，促进细胞的新陈代谢，让整个人显得更年轻、容光焕发。除此之外，还可以提高免疫力，打造一个不易疲惫的体质。酵素的优点真的是枚不胜举。

What is the difference

冷压蔬果汁与思慕雪、其他果汁有什么不同？

COLD PRESSED JUICE
冷压蔬果汁

Beauty 美丽
在不破坏酵素的情况下直接摄取，能够达到抗老化的功效。

Health 健康
许多新鲜蔬菜和水果全部浓缩在一杯蔬果汁中，一次就可以摄取大量蔬果。

制作方式
用慢磨机或手榨方式慢慢地、轻柔地压缩食材。

优点
· 用低速低温方式榨取原汁，减少热量的产生，营养成分不易遭到破坏。
· 只要加以密封防止酸化，可以保存数天。也可以冷冻保存。
· 蔬果汁中少了纤维素，不会造成肠胃负担。
· 顺滑好入口。
· 能够一次摄取较多的营养素。

Detox 排毒
让肠胃休息，将体内的有害物质排出去。有助于减肥！

缺点
· 需要准备较多食材。
· 会产生蔬果渣。
  →活用范例参照P.92。

Keep 坚持
一次榨取大量，可以当隔天早餐，也可以带到工作单位当午餐！

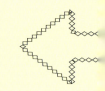

from the other juice?

SMOOTHIE
思慕雪

制作方式
用高速旋转式或离心分离式果汁机、榨汁机等加以搅拌。

优点
· 能够摄取丰富的食物纤维。
· 较为黏稠,增加饱腹感。

缺点
· 因高速压榨产生热量,营养素容易遭到破坏。
· 容易氧化、分层,必须立即饮用。

JUICE
市售蔬果汁

优点
· 无需费时制作,可以随时轻松饮用。

缺点
基于卫生,必须加热杀菌,酵素、维生素和矿物质多半会遭到破坏。此外,因加入香料等添加物,与现做的天然原汁、思慕雪相比,营养素不足。

持之以恒的诀窍在于不勉强

我想应该有很多人是以排毒断食为目的才开始接触冷压蔬果汁的。所谓断食，是通过短时间的禁食，大量摄取酵素以净化身体的健康疗法。一般来说，整整3天都只喝蔬果汁是最具功效的。

然而，刚开始就将所有饮食改为蔬果汁，身体可能难以适应。我认为不要勉强，在没有负担的情形下享受蔬果汁的乐趣，这才是持之以恒的诀窍。

勿将目标设定得过高，要依照自己的能力从简单的蔬果汁饮食做起。举例来说，先与一般餐点一起享用，或者用蔬果汁取代正餐之间的点心，如此一来才能顺利导入我们的三餐中。接下来，试着用蔬果汁取代一餐正餐。若无法一次备齐太多食材，或者想先从少量开始尝试，就从2种食材（参照P.76）开始挑战。另外，改变味道、发觉新味道也都是能够持续下去的秘诀，大家可以试着添加一些超级食物或香辛料（参照P.66）。

以我为例，我多半会在感觉最近吃多了、身体觉得疲劳的时候，将天然未加工的蔬果汁当做早餐。从前天开始，我为了控制咖啡因摄取量而改以蔬菜为主的饮食，打算在一周中选一天好好保养

身体,所以那一天我会将冷压蔬果汁作为我的三餐(参照P.84)。在消化器官获得休息的同时,心情也跟着平静起来,身心都感到无比舒畅,冷压蔬果汁的饮食方式才得以长久持续下去。

自己事先决定好饮用冷压蔬果汁的日期,这也是享受冷压蔬果汁乐趣的好方法。举例来说,每当日期中有"1"的那天,就定为冷压蔬果汁日,完成自己定下的目标,成就感也会相对提高。

本书提供的冷压蔬果汁食谱,能够让自己与自己的身心对话,在毫不勉强的状态下循序渐进。以适合自己的方式享受冷压蔬果汁,身心自然而然会越来越健康、越来越有精神。

接下来为大家介绍的冷压蔬果汁食谱,将会以"苹果1个、番茄2个"这样的方式记载。为了让大家能够轻松制作,分量都尽量以简单易懂的方式呈现,无需斤斤计较。

食谱中的食材是一杯400mL蔬果汁的分量,但食材的状态及慢磨机的品牌不同,榨取出来的量可能会有所不同,所以仅作为参考就好。

食材的挑选与切法

■ 使用当季食材

希望大家使用当季食材,这样才能摄取更多营养素。当季食材生长在适宜的环境与季节,所以营养成分高。当季食材的生命力旺盛,对抗病虫的防御力强,因此不需要施用过多农药。更重要的是当季食材的甜度高,味道好,价格也较为便宜。在不同季节里,我们的身体也希望摄取当季的食物,春天食用带有苦味的蔬菜,让身体排毒;夏天食用水分多的蔬果,让发烫的身体能够降温;秋冬食用根茎类食物温暖身体。挑选当季食物,享受不同季节的风情。

■ 食材的切法

只要将食材切成能够放入慢磨机瓶口的大小就可以了。切得过大,需要花费很长时间才能压榨出汁,而且容易造成机器无法顺利运转,只会徒增榨取的时间与精力。

- 苹果、番茄…………去蒂,带皮和籽直接使用。
- 蔬菜类………………切成3~5cm大小。有根的蔬菜保留根部,但要洗干净。
- 柑橘类水果…………连皮一起使用,香味更浓。如果不喜欢带有苦味,就把皮剥掉。

■ 无农药、有机栽培的蔬果最好

要将皮、核、籽一起放入慢磨机中,所以建议使用无农药或有机栽培的蔬果,这样才能安心喝下肚。近年来,市面上有越来越多农药减量的蔬果可供选择。另外,若担心有农药残存,请试试下面介绍的简单的居家清洗蔬果的方法。

【清洗方法】

准备 准备要清洗的蔬菜或水果、小苏打粉、水。

1 盆子里装水,加入1~2小茶匙的小苏打粉,充分搅拌溶解。

2 放入蔬果后静置1分钟左右,用清水冲洗干净。

慢磨机的挑选方法

要制作冷压蔬果汁，慢磨机（低速旋转式榨汁机）是不可或缺的器具之一。

市面上有各种品牌、各种型号的机器，种类五花八门，选择时需要根据生活模式、家族成员人数、住家环境等条件挑选一台最适合的慢磨机。不同机器有不同的特色，要思考自己最重视的是什么，比较后再购买。

挑选重点

● 榨取蔬果汁的分量与速度

就算食材相同，如果机器不同，榨取的蔬果汁量和质地也会有所不同。有些机器虽然价位较高，但榨取的汁分量多，就长远来看是比较划算的。能够榨取较多的蔬果汁，而且纤维（蔬果渣）不会跑进蔬果汁里，这样就是一台好的慢磨机。另外，购买前也要确认一下每分钟的旋转数。

● 尺寸

若家里摆放空间不大，建议买小型慢磨机，因为还要预留摆放蔬果汁和蔬果渣储存盒的空间。另外，慢磨机的开口越大，就越能节省将食材切小的时间。

● 容易组装、保养

不同于一般果汁机，慢磨机的零件很多，所以最好挑选容易组装且容易拆解、清洗的机种，这样才有动力持续下去。零件的数量会依品牌而有所不同（参照P.19）。

● 设计

慢磨机有宽版与窄版之分，外观颜色也越来越多样化。挑选自己喜欢的外形设计，也是持续下去的诀窍之一。

● 价格

与高速果汁机相比，慢磨机的价位比较高。要基于各项优点与需求来挑选，绝非价位高的机器才是最好的。

食材的搭配方式

蔬果汁美味可口，喝起来心情也会比较愉快。为了毫不勉强地持续喝下去，现在就让我为大家介绍一些食材的搭配方式。

1 从"一种蔬菜"&"多种水果"开始

在完全习惯冷压蔬果汁之前，建议先增加水果的比例，让蔬果汁喝起来顺口些。黄绿色蔬菜富含植物性化合物（能够预防各种疾病，植物本身制造的化学物质），具有排毒功效，所以至少要放入一种。刚开始时不要勉强，习惯后再逐渐将蔬菜和水果的分量调整为各一半。如此一来，就会逐渐感受到蔬菜的甘甜美味。

2 同色系搭配在一起

通常外观颜色漂亮的蔬果汁，会给人比较美味的感觉。番茄搭配苹果、胡萝卜搭配甜橙等同色系的食材，不仅外观漂亮，味道也很协调。常听身边的朋友说，虽然家人讨厌蔬菜，但打成汁后普遍都能接受。所以，不要只在意味道，也要在颜色上多费点心思。

3 苹果和柠檬是最佳拍档

使用绿色蔬菜榨汁时，我想蔬菜的浓郁味道肯定会让很多人退避三舍。这时候请试着添加苹果或柠檬，两种一起加进去也可以。甜味和酸味能够消除绿色蔬菜的臭青味。苹果与柠檬适合搭配各种食材，平时可以多买一些备用。

4 胡萝卜搭配柑橘类

胡萝卜含有丰富的营养素，但生食时胡萝卜中的抗坏血酸氧化酶成分会破坏其他蔬菜中的维生素C。所以胡萝卜汁中最好添加甜橙等柑橘类的水果。

5 白萝卜提味用

白萝卜辛辣味重，仅用来提味就好。白萝卜水分多，适合多放一些来榨汁，但过多会太辣，要喝完一整杯可能不太轻松。大家可以多尝试几次，若觉得过于辛辣，可以添加天然甜味剂（龙舌兰糖浆等）调整一下。

专　栏

保存容器

冷压蔬果汁的优点之一就是易于保存。一次榨取数天的分量，然后保存起来。

为了防止蔬果汁氧化，要尽量隔绝蔬果汁与空气接触。建议使用有盖子的水壶或保温瓶。最近热门的Ball公司生产的梅森玻璃罐，不但有双层密封盖的设计，外观也非常时尚，兼具设计感与功能性。

以我来说，因宽口径的瓶口容易溢出，所以我都使用犀牛公司（NALGENE）生产的窄嘴水壶。不含环境荷尔蒙-双酚A（BPA），使用起来比较安心。所谓BPA，是一种名为双酚基丙烷的化学物质，许多塑胶制品都含有这种化学物质，对人体健康有不良影响。既然要保存对身体有益的冷压蔬果汁，希望大家对容器的选择也要用心。

若担心注入蔬果汁时会溢出，建议购买宽嘴水壶。若是用宝特瓶，要选择热饮专用或碳酸饮料专用的宝特瓶，密封性比较高。

Chapter 2
基础制作

Red Juice 红色蔬果汁

红色的蔬菜和水果有许多优点,可以补血、提高心脏功能、促进血液循环。只要血液循环顺畅,代谢能力自然提升,体内的毒素也比较容易排出体外。当身体充满能量时,就不容易感到疲劳。

Beet
甜菜根

一氧化氮可以增加血液流量,有助于体内氧气的有效运作,还具有增强肌力和持久力、消除疲劳的功效。不仅能够提高新陈代谢,还有助于调整肠胃,建议正在减肥或有便秘问题的人饮用。

Paprika
红椒

维生素P可以强化毛细血管、预防出血或感染,而且由于不易破坏维生素C,能够提高抗氧化作用。辣椒素具有的超强抗氧化作用,能预防生活习惯病,改善皮肤干痒、红肿和手脚冰冷等问题。

Apple
苹果

苹果皮内含可以抑制胆固醇生成与促进消化的果胶,以及可以抑制活性氧物种的多酚。食物一经加热,钾容易流失,所以生饮天然蔬果汁才能摄取足够的钾。除此之外,柠檬酸和苹果酸具有消除疲劳和缓解肩颈僵硬、腰痛的问题,对抗老化也很有效。

Tomato
番茄

茄红素具有高抗氧化作用,有助于预防老化和癌症。番茄还含有利尿和消除水肿的钾,适合用来缓解宿醉。β-胡萝卜素能够强化皮肤和黏膜,有效预防感冒。而芸香苷能够促进血液循环,预防动脉硬化,是最适合用来减肥的蔬果。

Raspberry
覆盆子

覆盆子除了富含具有美容功效的鞣花酸外,还富含花青素等多酚。花青素具有缓解眼睛疲劳和恢复视力的功效。根据研究报告,覆盆子中的烯酮素具有分解脂肪的作用,有助于减肥。

Red 红色
1

【材料】
苹果…………1个（400g）
甜菜根………1个（180g）
香芹…………1棵（5g）
生姜…………1节大拇指大小
龙舌兰糖浆……随意

【营养成分】
钾
钠
钙
甜菜砿
甜菜青素
维生素A
维生素C
果胶
槲皮素（槲黄素）
铁
蒎烯
芹菜脑
姜酮
姜油

增加甜味的龙舌兰糖浆，可以随心情任意调整。

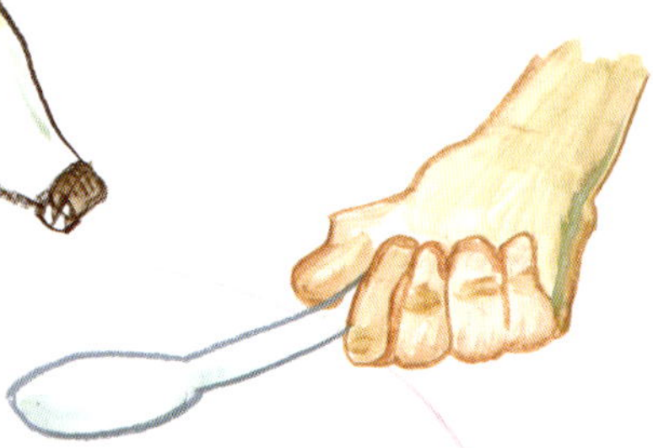

鲜艳漂亮的颜色，光看着就觉得心情愉悦。

Point

甜菜根和生姜的香料风味提升苹果的甜味。每喝一口就感觉全身充满能量。可依个人喜好添加龙舌兰糖浆，让蔬果汁更顺口。

Point

番茄自然的甜味非常适合与苹果、柠檬搭配。芹菜的香气具有疗愈身心的功效。加入少许盐也非常美味。

Red 红色
2

【材料】

番茄 …………2个（450g）
苹果 …………1/2个（200g）
柠檬 …………1个（100g）
芹菜（茎）……1棵（70g）

【营养成分】

钾
β-胡萝卜素
维生素A
维生素C
维生素P
茄红素
芸香苷
槲皮素（槲黄素）
柠檬酸

建议挑选类胡萝卜素较高的高茄红素番茄。

考虑到成品的颜色与味道，仅使用芹菜的茎部。

Red 红色
3

【材料】

红椒 ……… 1个（150g）
覆盆子 …… 15粒（60g）
柠檬 ……… 1.5个（150g）
薄荷 ……… 1把（3g）

【营养成分】

维生素C
维生素P
β-胡萝卜素
辣椒素
鞣花酸
花青素
烯酮素
柠檬酸
薄荷脑

Red 4

Red 3

Point

如果用清水洗涤覆盆子，表面细毛会吸水，容易发霉。可以用干净的布擦拭脏污，或者只清洗需要的分量。

Point

枸杞要先泡水，再使用。枸杞清淡的芳香，为蔬果汁增添好滋味。

Red 红色
4

【材料】

番茄 …………2个（450g）
甜橙 …………1个（200g）
卷心菜 ………1/4个（100g）
柠檬 …………1/2个（50g）
枸杞 …………4大匙

【营养成分】

钾
β-胡萝卜素
茄红素
芸香苷
维生素B_1
维生素B_2
维生素C
维生素K
维生素P
维生素U
橘皮苷
花青素
异硫氰酸盐
柠檬酸
次亚麻仁油酸
氨基酸
玉米黄素
叶黄素
单宁

Red6

Point

充满菠萝香甜味的蔬果汁。小茴香的香味具有让人放松心情的功效,令人百喝不厌。

Red5

Point

充斥着酸味与辣味,如冷汤般的蔬果汁。最后随意滴一些橄榄油,便会是一道浓郁感十足的蔬果汁。

Red 红色 5

【材料】
紫甘蓝……………1/4个（150g）
红椒………………1个（150g）
柠檬………………1个（100g）
辣椒（香辛料）…1/2根
特级初榨橄榄油（随意）
………………………1小匙

【营养成分】
维生素C
维生素P
维生素K
维生素U
β-胡萝卜素
辣椒素
异硫氰酸盐
柠檬酸
油酸
多酚
薄荷脑

Red 红色 6

【材料】
甜菜根……………1个（180g）
黄瓜………………1根（150g）
菠萝………………1/4个（200g）
小茴香……………1棵（5g）

【营养成分】
钠
钾
钙
镁
维生素A
维生素B_1
维生素B_2
维生素B_3
维生素C
甜菜碱
甜菜青素
柠檬酸
菠萝蛋白酶
异槲皮素
葫芦素

Point

蔬果汁榨好后再撒盐。青柠的香气最适合夏季饮用。

Red 红色
7

【材料】

番茄 …………… 2个（450g）
黄瓜 …………… 1根（150g）
青柠 …………… 1个（100g）
生姜 …………… 1节
香芹 …………… 1棵（5g）
盐（随意）…… 1小撮

【营养成分】

钾
钙
维生素C
β-胡萝卜素
茄红素
芸香苷
姜酮
姜油
铁
蒎烯
芹菜脑
异槲皮素
葫芦素
类黄酮
萜烯

Yellow & Orange Juice

橙黄色蔬果汁

黄色具有抗氧化、预防肥胖、抗过敏、美肤的功效；橘色多为具有超强抗氧化作用的蔬菜与水果。之所以会有如此鲜艳的颜色，是因为富含胡萝卜素，而胡萝卜素在体内会转变成维生素A，有助于消除眼睛疲劳，而且具有美肤之功效。

Dekopon
凸顶柑

清见（柑橘类的品种）与芦柑的交配品种。含有丰富的维生素C，吃2个就可以满足成人一天所需的维生素C。挑选凸顶柑时，尽量选择深橘色且皮上沟纹较浅细的果品。

Citrus
柑橘类

各个品种的柑橘都具有美肤功效，能改善便秘问题，而且有助于减肥。除此之外，柑橘迷人的香气令人心旷神怡。

Amanatsu
甘夏（柑橘类的一种）

甘夏的皮略带苦涩，但有机栽培的果品有所改良，所以连皮一起榨汁也没有问题，还可以为蔬果汁增添一些橙皮的香气。

Grapefruit
葡萄柚

富含能够消除疲劳、具美肤功效的维生素C、维生素B₁、钙、柠檬酸。果肉为粉红色的红宝石葡萄柚含有茄红素和胡萝卜素，一天吃1/2个就可以摄取一天所需的维生素。

Orange
甜橙

甜橙的特色是即使榨成汁，维生素C也不易遭到破坏。富含维生素C和柠檬酸的甜橙，最适合用来预防感冒。果肉上的白丝含有橘皮苷，能够强化毛细血管。

Lemon
柠檬

所有柑橘类中，柠檬的维生素C含量最高，不但具有美肤功效，还可以预防感冒。除此之外，柠檬中的柠檬酸还能有效消除疲劳，添加在蔬果汁中，不仅能提升蔬果汁的风味，还能摄取到丰富的营养素。

Paprike
黄椒

黄椒具有强大的抗氧化作用，对改善晒伤、老人斑等肌肤问题，以及维护眼睛健康都有不错的功效。

Carrot
胡萝卜

为了令天然未加工的蔬果汁喝起来顺口，胡萝卜是不可或缺的食材之一。胡萝卜既能提升免疫力、预防感冒，还能够使皮肤变得柔滑，皮肤干燥的人可以多摄取一些。另外，胡萝卜还具有补血功效，有助于预防贫血和消除疲劳。

Mango
芒果

芒果含有丰富的维生素C、胡萝卜素、叶酸，具有美肤、改善便秘的功效。但有一点需要特别注意，芒果属漆树科，容易过敏的人不要吃太多。

Ginger
生姜

生姜有助于解决手脚冰冷和水肿问题，是女性的最佳伙伴。有感冒征兆时，可以在蔬果汁里加一些生姜。

Pineapple
菠萝

菠萝有助于分解糖类，内含可促进新陈代谢的维生素B_1、维生素B_2、维生素C、柠檬酸，具有消除疲劳和抗老化的功效。

Papaya
木瓜

木瓜富含维生素A和维生素C，其中木瓜酶这种蛋白质含量非常多的分解酵素，有助于改善胃部消化不良。木瓜酶还具有养颜美肤的功效。

Yellow&Orange 橙黄色
1

【材料】
甜橙 …………… 1个（200g）
胡萝卜 ………… 1根（200g）
柠檬 …………… 1个（100g）
生姜 …………… 1节

【营养成分】
铁
维生素A
维生素C
维生素P
β-胡萝卜素
钾
橘皮苷
花青素
柠檬酸
姜油
姜酮

SPICY
生姜能够加强味道，只需少量就能让美味加倍。

胡萝卜的甜味与柑橘类的酸味形成对比，美味可口！

Point

胡萝卜、甜橙和柠檬是蔬果汁最常用的食材，若想加强浓郁度，可加入一些生姜。这款蔬果汁清爽顺口，生姜的使用量可依个人喜好自行增减。

玛卡是对男性和女性都非常好的超级食物。

maca

用挤柠檬的榨汁机榨柠檬。只添加柠檬汁也可以。

Yellow&Orange
橙黄色

2

【材料】

粉红果肉葡萄柚 ………… 1个（380g）
甜橙 ………………………… 1个（200g）
柠檬 ………………………… 1个（100g）
生姜 ………………………… 1节
玛卡*（粉末，随意）…… 1/2小匙

*玛卡又称秘鲁人参，根部是主要食用部分。

【营养成分】

维生素C
维生素P
柠檬酸
茄红素
胡萝卜素
花青素
钾
橘皮苷
姜酮
姜油
精氨酸
矿物质
皂苷
薄荷脑

Point

玛卡能够平衡荷尔蒙、解决手脚冰冷问题、改善更年期症状。另外也有研究指出，玛卡可以治疗不孕症。积极摄取，一定会有许多令人意外的功效。玛卡带有辣味，是一种属于大人的成熟风味。

Yellow&Orange
橙黄色

3

【材料】

葡萄柚…………1个（380g）
木瓜……………1/2个（200g）
芹菜（茎）……1棵（70g）
迷迭香…………1/2棵

【营养成分】

维生素C
柠檬酸
木瓜酶
胡萝卜素
茄红素
维生素A
钾
类黄酮

Point

柑橘类水果中，葡萄柚含有大量的维生素C，具有美肤和消除疲劳的功效。另外，具有疗愈功效的迷迭香可以让心情更加平静。

Yellow&Orange
橙黄色
4

【材料】

胡萝卜……1根（200g）
菠萝………1/4个（200g）
青柠………1个（100g）
薄荷………1撮（3g）

【营养成分】

铁
维生素A
维生素B_1
维生素C
β-胡萝卜素
柠檬酸
菠萝蛋白酶
类黄酮
萜烯
钾
薄荷脑

Point

菠萝、青柠加上薄荷，高档的甜味与清爽的口感相得益彰。胡萝卜和柑橘类水果也堪称是最佳拍档。

Yellow&Orange 3

Yellow&Orange 4

Yellow&Orange
橙黄色
5

【材料】
甜橙 ………… 1个（200g）
黄椒 ………… 1个（150g）
柠檬 ………… 1个（100g）
苹果 ………… 1/2个（200g）

【营养成分】
维生素A
维生素C
维生素P
β-胡萝卜素
钾
橘皮苷
花青素
果胶
槲皮素
柠檬酸
膳食纤维
矿物质
皂苷
薄荷脑

Point

有深度后韵的黄椒香味，搭配甜橙与柠檬的酸，一道充满酸甜口感的蔬果汁。若想让酸味淡一点，可减少柠檬分量，增加苹果分量。

Yellow&Orange 橙黄色 6

【材料】

甜橙 …… 1个（200g）
苹果 …… 1/2个（200g）
卷心菜 …… 1/4个（100g）
姜黄 …… 少许

【营养成分】

维生素A	维生素A
维生素C	果胶
维生素U	槲皮素
维生素K	姜黄素
异硫氰酸盐	类黄酮
钾	矿物质
橘皮苷	皂苷
花青素	薄荷脑

Point

姜黄的香气和味道会让身体感觉很舒服。属于多酚其中一种的姜黄素，可以强化肝功能且具解毒功效，可缓解宿醉。

Yellow&Orange 橙黄色 7

【材料】

胡萝卜 …… 1根（200g）
芒果 …… 1个（150g）
卷心菜 …… 1/4个（100g）
柠檬 …… 1/2个（50g）
椰子细粉 …… 少许

【营养成分】

铁	柠檬酸
维生素A	β-胡萝卜素
维生素C	钾
维生素P	叶酸
维生素K	异硫氰酸盐
维生素U	

Point

芒果搭配椰子细粉，充满南国风味的蔬果汁。用不同食材加以装饰，这也是持续饮用冷压蔬果汁的动力之一。

Green Juice 绿色蔬果汁

绿色蔬果富含叶绿素，具有抗氧化、降低胆固醇、消除疲劳、促进血液循环、排毒等功效。虽然很多人较难以接受绿色蔬果汁的味道，但绿色蔬果富含对身体有益的营养素，希望不喜欢这个味道的朋友务必挑战一下。书中挑选的绿色食材多是能够让大家喝起来更顺口的种类。

Spinach
菠菜

菠菜富含维生素、矿物质、β-胡萝卜素等维持骨骼、皮肤与头发健康所需的营养素。另外，有贫血问题、身体长期感觉不适、想要补充能量的人，建议多摄取一些菠菜。

Komatsuna
小油菜

小油菜富含钙、β-胡萝卜素、维生素C、铁，具有美肤、抗老化、改善手脚冰冷等令女性雀跃的功效。其中色素成分的新黄素，具有预防肥胖的作用。

Arugula
芝麻菜

芝麻菜中的辛辣成分之一异硫氰酸烯丙酯具有抗菌与预防癌症的功效。另外，芝麻菜富含镁等矿物质及维生素，具有利尿、防水肿、美肤等功效。

Cucumber
黄瓜

　　黄瓜含有非常丰富的钾和异槲皮素，具有利尿、消解水肿的功效。而苦味成分之一的葫芦素则有助于预防癌症，同时具有美肤与消炎功效。

Lime
青柠

　　柠檬酸能够分解堆积在肌肉里因刺激神经造成疲劳的乳酸，进而消除疲劳。而芳香成分的萜烯则最适合用来放松身心。除此之外，青柠富含既利尿，又能消解水肿、降血压的钾。

Garland chrysanthemum
蒿子杆

　　蒿子杆富含β-胡萝卜素，可以强健黏膜和皮肤，并提升免疫力。维生素K与骨骼息息相关，能够预防骨质疏松症，对于降血压也很有帮助。

Herbs
香草类

　　香草类的香气可以增强蔬果汁的味道。香草类植物具有很多功效，例如镇静、放松等。香草类植物五花八门，享受不同的味道与香气也是饮用蔬果汁的一种乐趣。

Green 绿色
1

【材料】
- 菠菜……………4棵（300g）
- 卷心菜…………1/4个（100g）
- 青柠……………1个（100g）
- 柠檬……………1/2个（50g）
- 九层塔…………1棵（5g）
- 特级初榨橄榄油…1小茶匙

【营养成分】
钾
钙
β-胡萝卜素
维生素C
维生素E
维生素K
维生素P
维生素U
异硫氰酸盐
柠檬酸
类黄酮
萜烯
镁
铁
油酸
β-胡萝卜素
多酚

用手撕碎卷心菜。

加几滴橄榄油，充分搅拌让味道均匀后再饮用。

使用新鲜的九层塔，尽量自家栽种，现采现用。

Point
用柠檬和青柠制作能够令人提神醒脑的清爽蔬果汁。九层塔的香气能使味道更具深度。此外，九层塔富含β-胡萝卜素，具有抗氧化作用。

Green 绿色
2

自家栽种薄荷，随时可以取用，非常方便。

椰子水富含各种天然营养素，有助于打造易瘦体质。

【材料】
小油菜……3棵（250g）
苹果………1个（400g）
薄荷………1小把（3g）
椰子水……200mL

【营养成分】
钙
钾
铁
β-胡萝卜素
维生素A
维生素C
维生素K
果胶
槲皮素
薄荷脑
锰

Point

椰子水也一起倒入慢磨机中。椰子水号称"喝的点滴"，能够给身体补给水分和电解质，促进新陈代谢，有效帮助身体排毒，而且具有美肤功效。

小油菜与菠菜的铁含量相比，小油菜胜出。

Point

只需一点香菜就能突显蔬果汁的美味。搭配芝麻菜，能够提升蔬果汁的香气。用甜橙甜味与柠檬酸味加以调和，增加蔬果汁的风味。

Point

如果只有莴苣和蒿子杆，可能难以入口，添加有甜味的菠萝会比较顺口。番椒粉可以温热身体，用量可依个人喜好增减。

Green 绿色 3

【材料】
- 莴苣……1/2个（120g）
- 菠萝……1/4个（200g）
- 柠檬……1个（100g）
- 蒿子杆……4棵（70g）
- 番椒粉……少许

【营养成分】
- 钾
- β-胡萝卜素
- 维生素B_1
- 维生素C
- 维生素E
- 维生素K
- 维生素P
- 柠檬酸
- 钙
- 铁
- 菠萝蛋白酶
- 皂苷
- 番椒红素
- 辣椒素

Green 绿色 4

【材料】
- 小油菜……2棵（140g）
- 芝麻菜……5棵（50g）
- 香菜……1棵（30g）
- 甜橙……1个（200g）
- 柠檬……1个（100g）

【营养成分】
- 钙
- 钾
- 铁
- β-胡萝卜素
- 维生素A
- 维生素B_2
- 维生素C
- 维生素E
- 维生素K
- 维生素P
- 铁
- 镁
- 磷
- 异硫氰酸烯丙酯
- 橘皮苷
- 花青素
- 柠檬酸

Green 绿色
5

【材料】

菠菜 …… 4棵（300g）
黄瓜 …… 1.5根（225g）
柠檬 …… 1个（100g）
柠檬草 … 10枝
盐 ……… 少许

【营养成分】

主要成分
钾
钙
β-胡萝卜素
维生素C
维生素K
维生素P
柠檬酸
异槲皮素
葫芦素
柠檬醛

Point

柠檬草的香气能使人放松心情，心情低落时，可以振奋精神。最后撒点盐，会使蔬果汁更加顺口。

Green 绿色
6

【材料】

哈密瓜……………1/4个（250g）
黄瓜………………1根（150g）
芜菁………………1个（100g）
芜菁叶……………1个份（50g）
玫瑰香葡萄………10粒（60g）
香芹………………1棵（5g）
抹茶………………少许

【营养成分】

钾
维生素A
维生素B_1
维生素C
维生素E
维生素K
淀粉糖化酶
淀粉酶
异槲皮素
葫芦素
柠檬酸
泛酸
有机酸
腺核苷酸
萜烯
多酚
葡萄糖
钙
铁
蒎烯
芹菜脑
叶酸
铁
蒎烯
芹菜脑
叶酸

Point

芜菁具有温热身体和美肤的功效；叶子部分的营养价值更高，内含β-胡萝卜素，能够预防肌肤干燥。维生素A与维生素C的搭配最适合用来抗老化。抹茶则能使蔬果汁喝起来更为顺口。

Green 6

Green 绿色
7

【材料】

葡萄柚 ············· 1个（380g）
菠菜 ··············· 2棵（150g）
青柠 ··············· 1/2个（50g）
生姜 ··············· 1节
辣椒（香辛料）·· 1/2根

【营养成分】

钾
钙
β-胡萝卜素
维生素C
维生素K
柠檬酸
类黄酮
萜烯
钾
姜酮
姜油
辣椒素
β-胡萝卜素

Point

我个人非常喜欢葡萄柚、青柠等柑橘类与生姜的组合。辣椒要记得去籽后再使用。

Purple Juice 紫色蔬果汁

紫色的天然色素——花青素，是多酚的一种，具有强力抗氧化作用。大家都知道蓝莓具有改善眼睛疲劳、增强眼珠活力的功效。除此之外，紫色还具有使人心情沉静的功效。

Cabbage
紫甘蓝

紫甘蓝较绿色卷心菜含有更多的能预防感冒与改善肌肤问题的维生素C，以及与造血、骨骼息息相关的维生素K。另外，紫甘蓝具有调整肠胃的作用，胃肠不适时，建议摄取一些紫甘蓝。紫甘蓝的颜色非常漂亮，看了心情也会随之高亢起来。

Grapes

葡萄

葡萄的主要成分葡萄糖，进入体内就会立即转换成能量，有助于消除疲劳。葡萄皮富含花青素和白藜芦醇，能消除眼睛疲劳、打造美丽肌肤。

Beet

甜菜根

甜菜根有红、有紫，所以紫色蔬果汁里也加入了甜菜根这种食材。甜菜根具有促进血液循环、清血、预防脂肪肝的功效，计划减肥的人可以适量摄取。除此之外，甜菜根还能消除疲劳，帮助调整肠胃。

Blueberry

蓝莓

蓝莓富含可以消除眼睛疲劳与恢复视力的花青素，能够促进血液循环，减少活性氧物种，因此具有抗老化、美肤等功效。同时，能有效预防生活习惯病。

Purple 紫色
1

【材料】
紫甘蓝………1/4个（150g）
芹菜（茎）…1棵份（70g）
葡萄柚………1/2个（190g）
柠檬…………1个（100g）
青柠…………1/2个（50g）

【营养成分】
维生素A
维生素C
维生素K
维生素P
维生素U
异硫氰酸盐
花青素
钾
柠檬酸
类黄酮
萜烯

秋季至冬季是紫甘蓝盛产的季节。每当这个季节来临，就一定要试试这种蔬果汁哦！

葡萄柚榨成汁时，会略带苦涩，味道也因此大受影响。所以，一定要将葡萄柚削皮后使用。

大量使用与紫甘蓝非常合拍的柑橘类，制作出清爽可口的蔬果汁。可以增加香气的芹菜，具有非常好的镇静作用。

只要加入一些芹菜，蔬果汁就会变得清爽许多。

Diet
Detox
keepayouth
BecomeBeautifulskin

Point

紫色的蔬果，加上冷压蔬果汁不败的食材——苹果和柠檬，味道温润，喝起来极为顺口。

Purple 紫色
2

【材料】

紫甘蓝……1/2个（300g）
葡萄………10颗（60g）
苹果………1个（400g）
柠檬………1个（100g）

【营养成分】

维生素A
维生素C
维生素K
维生素P
维生素U
异硫氰酸盐
花青素
葡萄糖
铁
花青素
白藜芦醇
亚麻仁油酸
钾
果胶
槲皮素
柠檬酸

将葡萄清洗干净，连皮放进慢磨机中，将葡萄籽也一起磨成汁。

对于减肥的人来说，这是一道再适合不过的蔬果汁哦！

fall weight

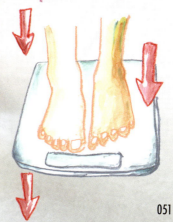

051

Point

这款蔬果汁略带苦味,可依个人喜好添加龙舌兰糖浆。龙舌兰糖浆是低GI食品(GI:升糖值数),因血糖值上升速度较慢,适合减肥人士使用。

Purple 紫色
3

【材料】

紫甘蓝	1/2个(300g)
葡萄柚	1个(380g)
生姜	1节
薄荷	2把(6g)
龙舌兰糖浆(随意)	适量

【营养成分】

维生素C
维生素K
维生素U
柠檬酸
异硫氰酸盐
花青素
姜酮
姜油
薄荷脑

Point

盐的部分,建议使用海盐,可以补充大量矿物质。另外,蔬果汁的酸味多半较强烈,可以添加一些盐或辣椒来调味,这也是能够持之以恒的秘诀之一。

Purple 紫色
4

【材料】

紫甘蓝 …… 1/4个(150g)
甜菜根 …… 1个(180g)
柠檬 …… 1个(100g)
苹果 …… 1/4个(100g)
九层塔 …… 1棵(5g)
海盐 …… 少许

【营养成分】

维生素A
维生素C
维生素E
维生素K
维生素P
维生素U
柠檬酸
异硫氰酸盐
花青素
钾
钠
钙
镁
甜菜碱
甜菜青素
铁
果胶
槲皮素
果胶
槲皮素

Point

这是一道能够引出水果深层美味的蔬果汁。要将各种水果搭配得美味可口,或许不是一件容易的事,但如果能让各种水果的原味相辅相成,功效相对会随之提升。

Purple 紫色
5

【材料】
- 紫甘蓝⋯⋯⋯⋯1/4个(150g)
- 苹果⋯⋯⋯⋯1/2个(200g)
- 黄瓜⋯⋯⋯⋯1根(150g)
- 甜菜根⋯⋯⋯⋯1/2个(90g)
- 葡萄⋯⋯⋯⋯10颗(60g)
- 猕猴桃⋯⋯⋯⋯1个(100g)

【营养成分】
- 维生素A
- 维生素C
- 维生素K
- 维生素U
- 异硫氰酸盐
- 花青素
- 钾
- 钠
- 钙
- 甜菜硷
- 甜菜青素
- 葡萄糖
- 铁
- 白藜芦醇
- 亚麻仁油酸
- 果胶
- 槲皮素
- 猕猴桃蛋白酶
- 异槲皮素
- 葫芦素

Point

先在杯里倒入椰奶,然后将慢磨机榨取的蔬果汁倒进去,充分搅拌后饮用。椰奶含有中链脂肪酸,会产生饱腹感,可以当早餐饮用。

Purple 6

Purple 7

Point

米乳的材料是米和水,是牛奶的替代品。低热量、低脂肪,是减肥、美容的营养圣品。购买市面上的现成米乳使用就可以了。

Purple 紫色 6

【材料】
黄瓜 ………… 2根(300g)
紫甘蓝 ………… 1/4个(150g)
蓝莓 ………… 10颗
椰奶 ………… 200mL

【营养成分】
维生素B
维生素C
维生素E
维生素K
维生素U
异硫氰酸盐
花青素
钾
异槲皮素
葫芦素
月桂酸
镁
铁

Purple 紫色 7

【材料】
紫甘蓝 ………… 1/2个(300g)
菠萝 ………… 1/4个(200g)
芹菜(茎)…… 1棵份(70g)
米乳 ………… 200mL

【营养成分】
维生素B_1
维生素B_2
维生素C
维生素E
维生素K
维生素U
β-胡萝卜素
柠檬酸
异硫氰酸盐
花青素
菠萝蛋白酶
钾

White Juice 白色蔬果汁

白色蔬菜多半带有辛辣味,但辛辣成分具有抗菌功效。除此之外,不同于黄绿色蔬菜,这些被称为淡色蔬菜的白色蔬果,多半对人体内脏具有温和的保护作用。

Banana
香蕉

香蕉可以补给身体热量,有利于消化、吸收,想要迅速消除疲劳、补给营养时,香蕉是最适合的水果。另一方面,香蕉富含钾,具有利尿和排毒的功效。

Jurnip
芜菁

芜菁盛产于冬季,能够温热身体、帮助调整肠胃,也可以缓和胸口的灼热感(火烧心)。富含维生素A、维生素C,能有效提升免疫力,达到美肤功效。芜菁内含的钾则可以预防水肿。

Cauliflower
白花椰菜

白花椰菜的维生素C含量较柠檬更多。维生素C可以提升免疫力,具有消除疲劳、预防感冒、美肤的功效,还有强大的抗氧化作用。

Radish
白萝卜

白萝卜含有异硫氰酸盐成分,而这就是白萝卜之所以有辛辣味的原因。白萝卜有助于提升代谢,加速老旧废物的排出。根部含有淀粉糖化酶,有促进消化和调整肠胃的作用。

Nuts
坚果类

腰果、杏仁、花生等坚果。使用生坚果能让味道更具深度与后韵，也能摄取到较好的油脂。

Rice milk
米乳

米乳的成分是米和水，在美国是非常普遍的饮料。因低热量、低脂肪，常被用来取代牛奶。购买市面上的现成米乳使用就可以了。

Melon
哈密瓜

与其他水果相比，哈密瓜含有丰富的钾，不但利尿，还可以预防水肿。哈密瓜里的糖分容易被人体吸收，没有食欲的时候，可以吃一点哈密瓜。另外，哈密瓜具有降低人体温度的功效，可用来预防中暑。

Celery
芹菜

芹菜的香气能够镇静神经、缓和疼痛。内含丰富的钾，具有利尿功效。维生素A能够强化黏膜，提升免疫力。

Chinese Cabbage
大白菜

大白菜含有大量维生素A和维生素C，具有预防感冒和美肤的功效。另外，大白菜有助于促进排便、缓解宿醉和排毒。

White 白色
1

【材料】

白花椰菜 ·············· 1/2个（260g）
芜菁 ················· 2个（200g）
香蕉 ················· 1根
生腰果（事先浸泡）···· 5大匙
水 ·················· 200mL
盐 ·················· 少许

【营养成分】

钾
维生素A
维生素C
花青素
镁
果寡糖
淀粉糖化酶
淀粉酶
锌

白花椰菜的味道温润，可使蔬果汁整体的风味更具深度。

制作冷压蔬果汁时，在坚果类当中，我最喜欢腰果。

基于蔬果汁的颜色和风味，芜菁只取根部使用就好。

Vitamin C

Point

将事先浸泡在水中的腰果和水一起放进慢磨机中。白花椰菜富含维生素C；芜菁富含异硫氰酸盐，具有抗氧化作用。

White 白色
2

【材料】
芜菁………4个（400g）
香蕉………2根
猕猴桃……1个
椰奶………200mL

【营养成分】
钾
维生素A
维生素C
维生素E
淀粉糖化酶
淀粉酶
镁
果寡糖
猕猴桃蛋白酶
月桂酸
铁

香蕉和猕猴桃的甜味可以盖过芜菁的辛辣味，让蔬果汁喝起来更加顺口。添加市售的椰奶，制作一杯充满饱腹感的蔬果汁。

建议使用熟透、甜味足够的猕猴桃。

这道食谱强力推荐给喜欢椰奶的读者。除了椰奶之外，香蕉的香甜也浓缩在里面，真的非常美味。

Point

生蜜未经加热处理,能够摄取到活酵素。活酵素可以增加肠内的比非德氏菌,有助于改善肠道环境。最适合在感冒初期来一杯。

White 白色
3

【材料】
苹果 ················· 1.5个(600g)
白萝卜 ··············· 3cm(100g)
柠檬 ················· 1个(100g)
生蜜 ················· 1大匙

【营养成分】
铁
维生素A
维生素C
淀粉糖化酶
果胶
槲皮素

Point

米乳是健康的植物性饮料，近年来备受瞩目。市售的米乳极为顺滑，容易入口。添加在冷压蔬果汁中，营养价值加倍。

White 4

Point

柠檬、青柠的酸味和米乳的乳脂甘甜味出乎意料地合拍。撒上一些黑胡椒，可以让味道更加香醇。

White 5

White 白色 4

【材料】
卷心菜…… 1/2个（200g）
柠檬……… 3个（100g）
米乳……… 100mL

【营养成分】
维生素B_1
维生素B_2
维生素C
维生素E
维生素K
维生素P
维生素U
异硫氰酸盐
柠檬酸

White 白色 5

【材料】
莴苣……………… 1/2个（120g）
柠檬……………… 1个（100g）
青柠……………… 1个（100g）
芹菜（茎）……… 1棵份（70g）
米乳……………… 100mL
黑胡椒…………… 少许

【营养成分】
钾
维生素A
维生素B_1
维生素B_2
维生素C
维生素E
维生素K
维生素P
β-胡萝卜素
钙
铁
柠檬酸
类黄酮
萜烯

Point

哈密瓜富含维生素B_1和柠檬酸,有助于消除疲劳。肉桂粉请依个人喜好自行添加。建议大家睡觉之前来一杯。

White 6

White 7

Point

苹果和杏仁让蔬果汁充满甜点风味。这是一道有助于排便的蔬果汁,而且杏仁富含维生素E,具有抗氧化作用,能使肌肤保持年轻。橄榄油最后加入就好。

White 白色
6

【材料】
哈密瓜·················1/4个（250g）
大白菜·················1/8个（150g）
生腰果（事先浸泡）····2大匙
水·····················100mL
肉桂粉·················少许

【营养成分】
钾
维生素A
维生素B₁
维生素C
维生素K
柠檬酸
泛酸
腺核苷酸
萜烯
异硫氰酸盐
锌
镁

White 白色
7

【材料】
苹果·················1个（400g）
芜菁·················2个（200g）
生杏仁（事先浸泡）····2大匙
水···················200mL
特级初榨橄榄油·······少许

【营养成分】
钾
维生素A
维生素C
维生素E
淀粉糖化酶
淀粉酶
果胶
槲皮素
生育酚
油酸
亚麻仁油酸

专栏

自制坚果饮料

添加用坚果（未经加工处理的坚果）制作的饮料，不仅能突显冷压蔬果汁的香气与口味，还能产生饱腹感。生坚果含有抑制种子发芽，使其处于休眠状态的物质，但这会妨碍酵素的运作，因此，要先将坚果泡在水里，刺激坚果发芽，如此一来就能减轻消化负担，促进营养吸收。

制作坚果饮料的方法其实非常简单。只要将事先浸泡在水里的坚果与浸泡用的水一起放进慢磨机里就可以了。

若是在夏季浸泡坚果，建议置于冰箱中；若是一次浸泡大量，请置于冰箱中冷藏保存，并尽量于一周左右使用完毕。

坚果饮料直接喝很爽口，与蔬菜、水果搭配在一起做成冷压蔬果汁也非常美味。另一方面，榨完汁的坚果渣可以加在蛋糕、饼干等烘焙甜点中，也可以与马铃薯一起加在浓汤里，从汁到渣，完全不浪费，可以充分享受坚果的美味。

Chapter 3 简单组合

添加超级食物与香辛料

以兼具美容、健康、减肥功效而热门的超级食物,其实并非特指某些食物,而是这类食物比其他食物含有更丰富的维生素、矿物质、叶绿素、氨基酸等人体所需的营养素,而且大前提是这些营养素主要来自于植物食材(其中也有人提倡三文鱼、奶酪等动物食材)。

超级食物和香辛料多半以粉末状或颗粒状出售,只要在完成的蔬果汁上轻撒一些就可以了,非常方便。或许有些人会觉得超级食物的价格有些昂贵,但其实只需要一点点就能发挥非常好的功效,所以建议大家可依个人喜好常备一两种。

超级食物与香辛料有许多独特的风味,会依不同的搭配,使食材在口味上产生深浅不一的变化,让人多喝几杯也不会厌烦。

以玛卡为例,有着白萝卜般的辛辣味,又带着一丝微甜。这个味道美味与否见仁见智,但NASA(美国国家航空航天局)以玛卡作为太空食物,可见玛卡是一种富含多种营养素的健康食材。奇亚籽浸泡在水里会呈凝胶状,如同芋圆一样顺滑,咬起来有弹牙的口感,非常新奇有趣;马其莓具有强烈的酸味,建议撒在一些过甜或带有蔬菜臭青味的蔬果汁上面饮用;椰子油的特色就是那具有疗愈功效的香气,口感很沉稳,有种在舌头上化开的感觉;姜黄充满辛辣的香气,一吃就上瘾。

超级食物与香辛料不仅兼具健康和美容功效,更是让饮用冷压蔬果汁的习惯持续下去的动力之一。

初次添加在食谱中的读者

■ 依功效去挑选

超级食物不用多说,香辛料中也有不少备受汉方和民间疗法重用的种类。仔细了解各种超级食物与香辛料的功效,然后从中挑选最适合自己的。

■ 容易入口的味道与口感

我想喝习惯冷压蔬果汁的人,应该不会太在意味道和口感,但对刚接触的人来说,冷压蔬果汁算是不小的挑战。所以,先从好喝、容易入口的蔬果汁开始,慢慢地就会乐在其中,享受各种新口味与新奇的口感。

■ 最后撒上一点点

只要一点点就有足够的功效,养成习惯每次只加一点点,如此一来就能让冷压蔬果汁成为生活的一部分。

书中介绍的食谱只是个人的一些建议,请大家务必多加尝试,找出最适合自己的组合。

Super Food 加一些超级食物，使功效加倍！

Hemp powder
大麻籽粉（日本的一种常见香料）
将大麻的种子进行脱脂加工，磨成粉末状的非加热食材，常用于生机饮食中。营养成分容易被身体吸收，富含50%以上的蛋白质，以及均衡的脂肪酸。能够在减肥过程中补充身体不足的营养素。

Chia seed
奇亚籽
薄荷的一种，鼠尾草的种子。浸泡在水中，会膨胀成10倍大的凝胶状。含有丰富的膳食纤维、蛋白质、Ω-3脂肪酸。为了使奇亚籽容易吞咽，建议先在水中浸泡30分钟后再使用。

Almond
杏仁
杏仁富含维生素E，具有强大的抗氧化作用。与蔬果汁搭配在一起，可使功效相得益彰。油酸有助于清血和排毒，而膳食纤维则有助于改善便秘症状。

Maqui berries powder
马其莓粉
巴西莓、马其莓、枸杞、桑椹、蓝莓等莓果类中，马其莓的抗氧化作用最强，而且具有提升自我净化力与疗愈力的功效。有助于维护眼睛健康，并有美肤的功效。

Maca
玛卡
或许一般人会认为玛卡比较适合男性服用，但玛卡富含铁和钙，有助于平衡女性荷尔蒙，对于改善妇科方面的不适也有不错的功效。因具有独特的辛辣味与香味，一开始不要添加太多。

01

02

03

01 奇亚籽

泡水10分钟，膨胀10倍

甜菜根1个、柠檬1个 + 奇亚籽（事先浸泡）随意量

能与甜菜根充分搭配的组合。虽然外观有些怪，但吸饱水分的奇亚籽会增加饱腹感。

02 大麻籽（日本的一种常见香料）

独特的香味

小油菜2棵、芹菜1棵、猕猴桃1个、苹果1/2个 + 大麻籽粉1/2小匙～随意量

富含均衡营养素的大麻籽具有独特的香气，推荐给刚开始尝试超级食物的人。外观像抹茶，口感也不错，喝起来极为顺口。

03 玛卡

良药苦口

胡萝卜1根、苹果1个、生姜1节 + 玛卡1/4小匙～随意量

玛卡带有苦味、酸味和辣味，对于刚接触的人来说，或许不太容易接受。但玛卡可谓是超级食物中的超级食物，建议从少量逐渐增加。

04 杏仁

美丽要先从排毒做起

黄瓜2根、薄荷2把、芹菜1棵 + 杏仁（切细切碎）1大匙

杏仁虽然热量较高，但排毒功效非常好。不过量摄取，在榨好的蔬果汁上撒上一些刚刚好。无可挑剔的美味深具魅力。

05 马其莓

抗氧化力是巴西莓的7倍

苹果1个、柠檬1个、菠菜2棵、卷心菜1/4个 + 马其莓粉1/2小匙～随意量

马其莓原产于智利的巴塔哥尼亚，因稀少而珍贵。有莓果类特有的酸味，是一种适合搭配各种蔬菜、水果的超级水果。

069

Super Food 超级食物

Matcha
抹茶

抹茶的营养价值如同绿茶，但因呈粉末状，更易被身体直接吸收。儿茶素能预防老化，抑制血压和血糖上升。与发酵食味噌一样，抹茶也是日本自古流传的超级食物。

Gojiberry
枸杞

枸杞是海内外闻名的超级食物。药膳中常加入枸杞，有滋补养身、促进血液循环等功效。除了能有效消除疲劳、抗氧化、抗衰老外，还富含维生素、矿物质、蛋白质等多种对身体有益的营养素。

Turmeric
姜黄

姜黄具有保肝和美容的功效。另外，姜黄也有助于降低胆固醇、改善血液循环。姜黄素成分能护脑，而抗氧化作用则能常保肌肤年轻。

Coconut oil
椰子油

椰子油较橄榄油不易酸化且不含反式脂肪，而且由于是中链脂肪酸，能有效将脂肪转换成能量，脂肪便不易囤积在体内。另外，椰子油也具有改善便秘的功效。

Raw Cacao Powder
生机可可粉

生机可可指的是生的可可豆，或者将生的可可豆用低温方式加工处理的可可。内含苯乙氨和大麻素，能够缓解压力、振奋心情，还具有抗老化的功效。

06 枸杞
汉方认证的功效
胡萝卜1根、甜橙1个、卷心菜1/8个、香芹1棵 + 枸杞（用水浸泡）1小匙

枸杞具有恢复视力、促进血液循环、保护肝功能、改善腰痛等多项优点，是可以常食用的超级食物。自古被视为长生不老的名贵药材，备受重视。

06

07 姜黄
肝脏健康，人就美丽
米乳400mL + 姜黄少许

姜黄能够有效防止宿醉。有些许苦味，但这种苦味十分温和。若想拥有美丽的肌肤，姜黄是非常不错的选择。

08 椰子油
以冷压方式压榨
菠菜3棵、黄瓜1根、柠檬1个 + 椰子油1小匙～随意量

如果觉得冷压蔬果汁有比较强烈的臭青味，只需添加一些椰子油，味道就会变得温和顺口许多。建议选购以冷压方式制作的椰子油，这种椰子油的营养素较多。

07

09 抹茶
源自日本的超级食物
日本水菜5棵、菠菜2棵、蒿子杆2棵、芹菜1棵 + 抹茶1小匙

抹茶富含维生素，有助于促进肌肤的新陈代谢与胶原蛋白的生成。味道当然不在话下，配色方面尽量挑选绿色的蔬菜。

10 生机可可
身体健康&心情愉快
核桃饮料400mL + 可可粉1小匙～随意量

低脂肪又健康的可可，是一种会给人带来幸福感的食材，推荐给容易囤积压力的人。核桃饮料的制作方法请参考P.64。

08

Spice

香辛料调和味道与香气，
享受百喝不厌的冷压蔬果汁！

Chile

01 辣椒粉

墨西哥料理常用的辣椒粉，由辣椒等调制而成的香辛料。辣椒粉中的辣椒素有助于减肥。没有食欲时，也建议添加一些辣椒粉。

添加海盐，增加矿物质
番茄2个、芹菜1棵、覆盆子15颗、海盐少许 + 辣椒粉少许

基本上，一般的蔬果汁都以番茄和芹菜等食材为主。除了辣椒粉外，添加一些富含矿物质的海盐，可以让蔬果汁的味道更具深度。

02 肉豆蔻

要消除汉堡肉等食物中的肉腥味时，通常会添加一些肉豆蔻。香味和口感都带点刺激，能够有效温热身体。经常手脚冰冷的人，建议摄取一些肉豆蔻。

解决手脚冰冷的常备香辛料
综合生菜叶1袋、莴苣1/2个、黄瓜1根、苹果1/2个、椰糖适量 + 肉豆蔻粉少许

在叶菜类中添加一些肉豆蔻，能够减少蔬菜的臭青味。使用量无需太多。椰糖也可以用红糖代替。

Nutmeg

03 黑胡椒

黑胡椒是西餐中常用的调味料之一，具有抗氧化与帮助消化的功效。可以提升代谢力，让身体流汗，因此不仅能预防感冒，也有助于预防肥胖。刺激味与香味具有疗愈功效。

增加辛辣刺激感

菠菜4棵、甜橙1个、柠檬1/2个、青柠1/2个 + 黑胡椒少许

如果每次只用自己喜欢的食材搭配组合，久而久之会因为味道过于单调而喝厌。在冷压蔬果汁上撒些刚磨好的黑胡椒，可以让口感增添一些刺激。

04 肉桂

肉桂能够促进血液循环，改善手脚冰冷问题，对减肥也有一定的功效。另外，眼睛四周有很多毛细血管，在肉桂的作用下，能有效改善细纹、松弛和黑眼圈等问题。肉桂还可以活化成长荷尔蒙，睡前摄取有助于打造美丽肌肤。

改善黑眼圈和眼部细纹

小油菜3棵、卷心菜1/4个、苹果1/2个、葡萄10颗 + 肉桂粉少许

对于毛细血管聚集的脸部，肉桂能有效改善因毛细血管循环不畅而衍生出来的问题。与其使用高额化妆品拼命遮掉这些讨人厌的肌肤问题，不如从内进行改善。

Spice 香辛料

05 丁香

丁香具有超强的抗氧化作用，能预防老化。另外，将丁香混合进甜橙或橘子中制成"丁香球"，可以带来好运，欧美地区常制作丁香球作为朋友间相互赠送的圣诞节礼物。作为食材，丁香与柑橘类也是最佳拍档。

缓和疼痛，具有镇静功效
胡萝卜1根、柠檬1个、苹果1/4个、甜橙1个 + 丁香粉少许

丁香具有不错的止痛功效，能缓和恼人的牙痛。浓郁的香甜味与辛辣味，能带给味蕾与众不同的刺激。

06 葛缕子（姬茴香）

带有清爽的香气与淡淡的甜味，是一种用舌尖轻触就能让心情放松的味道。有助于身体排出废气，有便秘或腹胀问题时，摄取一些葛缕子会有所改善。

适合夏季的清爽感
卷心菜1/2个、柠檬1个、芹菜（叶片）1棵份、苹果1/4个 + 葛缕子籽1小撮

具有清爽美味的葛缕子，吃了会上瘾。没有食欲或有点热中暑时，加一点在蔬果汁中，就能立即享受清新的好滋味。

07 白豆蔻

具有独特幽香，常用于制作咖喱或甜点。有助于降低身体温度和帮助消化，是阿拉伯各国不可或缺的香料。在沙特阿拉伯，常见人手一杯名为"Gahwa"的白豆蔻咖啡。

自古珍贵的香料

胡萝卜1根、柠檬1个、生姜1节、薄荷1小把 + 白豆蔻少许

白豆蔻有"香味王者"的称号，浓醇的香气中带有异国风味。在古埃及，白豆蔻是神圣的香薰。

08 小茴香

带有甜味与类似于柑橘类的酸味，香气充满清新的感觉。有助于将多余的水分排出体外，有效预防水肿和肥胖。促进食欲的同时，还能有效帮助消化。

活化女性荷尔蒙

卷心菜1/2个、黄椒1个、柠檬1/2个、生姜1节 + 小茴香籽1小撮

自古以来小茴香常用于减肥瘦身，非常适合与万病良药的生姜搭配一起使用。能有效帮助消化，酒喝多的隔日可以来杯小茴香蔬果汁。

简单的双食材组合

若到餐厅点一杯冷压蔬果汁，少说也要30元，比起一般新鲜果汁要贵许多。这是因为制作一杯冷压蔬果汁需要使用非常多的食材，而且要品质新鲜，价格自然居高不下。

因此，即使打算自己在家里做一杯冷压蔬果汁，一想到"需要准备那么多食材"，就不禁打了退堂鼓，我想应该有很多人会有这种想法吧？

最理想的蔬果汁当然是准备的食材越丰富越好，但我希望大家饮用冷压蔬果汁并非只是为了跟随流行，而是要能够长久持续下去。因此，在这里我要提供给大家一些简单又能够持续下去的食谱，就算无法一次备齐太多食材，只要准备两种，就能制作出美味的冷压蔬果汁。

使用各种各样的蔬菜，味道混杂在一起，自然会觉得难以下咽，但如果只有两种，味道一致，就会比较容易接受。只要想到"今天喝了冷压蔬果汁"，心情就会得到满足。

组合 1

颜色

甜橙1个　胡萝卜1根

　　甜橙和胡萝卜是冷压蔬果汁最常使用的两种招牌食材,是配合度高、几乎不会失败的美味组合。这两种食材全年都买得到,再加上容易与其他食材搭配,是最不可或缺的常备食材。胡萝卜颜色越红,胡萝卜素的含量越丰富。

甜橙 ＋ 胡萝卜

组合 2

颜色

柠檬2个　青柠1个

　　能够直接感受到柑橘类清爽的酸味,一杯充满维生素C,可令人完全清醒的新鲜蔬果汁,对于消除疲劳也非常有效。挑选柠檬和青柠时,尽量挑选颜色均一、有光泽且分量较重的,香气越浓就越成熟。尽量挑选没有使用农药的柠檬和青柠。

柠檬 ＋ 青柠

组合 3

番茄3个　苹果1个

　　充满能量的红色蔬果汁。番茄与苹果的组合有助于消除腹胀。苹果会散发犹如成长荷尔蒙的促使其他食材成熟的乙烯,所以与其他蔬果放在一起时要特别注意。若买来的番茄不够熟,可利用苹果的这个特性加速番茄的成熟。

组合 4

生姜2节　红辣椒1根

　　这似乎是可以取代酒类的刺激性短饮型饮料(short drink),喝了身体会慢慢温热起来。没用完的生姜容易坏掉,可在附有盖子的密封容器中装满水,然后将未用完的生姜置于水中保存,每隔数天换一次水,可以保存1个月左右。

组合 5

小油菜3棵　柠檬2个

　　有种"充分摄取蔬菜"感觉的蔬果汁。饮用这种冷压蔬果汁，会让人精神振奋。小油菜自收成以来，会随时间慢慢变皱，叶片尖端也会开始卷曲，所以尽量挑选整体叶片有活力、颜色深绿的小油菜。

小油菜 ＋ 柠檬

组合 6

甜菜根1个　葡萄10颗

　　可以提升女性魅力，达到护眼明眸的功效，一杯洋溢着性感紫色的冷压蔬果汁。大的甜菜根里的纤维可能比较松软，尽量挑选有重量且较硬的。如果甜菜根上有叶片，请挑选叶片比较新鲜水嫩的。

甜菜根 ＋ 葡萄

组合 7

白萝卜3cm　苹果1个

　　想要提升免疫力，打造无病痛体质的人，诚心向您推荐这个组合。白萝卜依部位的不同，有甜有辣。因冷压蔬果汁使用的是未烹调的白萝卜，会直接感受白萝卜最原本的滋味，建议大家使用靠近叶片的较甜部位。另外，可以随个人喜好添加一些蜂蜜，让蔬果汁更加顺口。

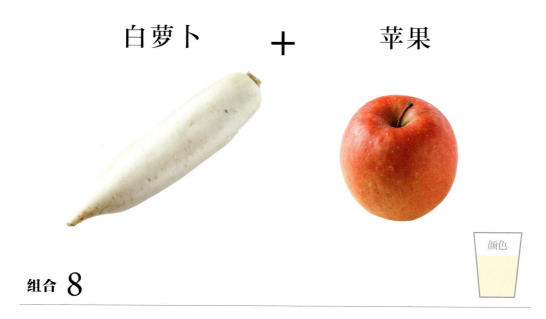

白萝卜 ＋ 苹果

组合 8

坚果饮料400mL　肉桂少量

　　用生坚果制作的蔬果汁（制作方法参照P.64），再添加一些肉桂，一道能够让人放松心情的饮品。使用肉桂粉比较方便，也可以将肉桂棒浸在饮品中，享受不一样的风味。另外，可依个人喜好加一些生的坚果碎，搭配在一起吃也非常美味。

坚果饮料 ＋ 肉桂

组合 9

芹菜1棵　番茄3个

　　如同美味蔬菜汤般的蔬果汁。撒上一些盐，增加味道也更容易入口。榨完的果渣可以活用在咖喱或汉堡排上。挑选芹菜时，请尽量选择茎粗、较圆、多筋、叶片新鲜水嫩的。

组合 10

菠菜3棵　黄瓜2根

　　这种"蔬菜+蔬菜"的组合比较适合已经喝习惯冷压蔬果汁的人。含水量95%以上的黄瓜能够滋润喉咙，有助于将体内多余的水分排出去。黄瓜遇冷后维生素C容易遭到破坏，所以置于冰箱保存时，最好立起来。若是冬天，置于通风良好的阴凉处保存即可。

专栏

蔬果渣的保存方法

制作冷压蔬果汁的过程中，免不了会产生蔬果渣。蔬果汁是主角，所以很多人都会将蔬果渣直接丢弃，但其实稍微费点功夫，蔬果渣就能变身美味的料理。书中推荐了一些使用蔬果渣烹调的料理，欢迎大家参考P.92开始的"活用蔬果渣的料理食谱"。

如果不是立即使用蔬果渣，建议以冷冻方式保存。若计划使用蔬果渣制作料理，在用慢磨机榨取蔬果汁之前，有几个重点需要大家特别留意。

● **特别注意柑橘类**
柑橘类经加热后会出现苦味，因此榨汁前要先去皮，或者料理时减少蔬果渣的使用量。如果要特地制作保留柑橘皮苦味的料理或甜点，连同柑橘皮一起榨汁即可。

● **去籽去核**
柑橘、苹果、葡萄等有籽和核的水果，要去籽、去核后再放进慢磨机中榨汁。

● **分门别类**
叶菜类、根菜类、柑橘类等同类型的蔬果渣放在一起保存，味道就不会混杂，用于制作料理时也较为方便。

● **标记食材名称和日期**
仅从蔬果渣的外观看不出里面是什么食材，而且时间久了也难以确定蔬果渣的新旧，为了避免混淆，最好在蔬果渣外袋上标记食材的名称和日期。

Chapter 4
开启冷压蔬果汁的生活吧！

用冷压蔬果汁度过一天

　　想让身材变纤细、想净化身体毒素、想改善体质，一起来尝试冷压蔬果汁吧！但切记，勉强硬撑是大忌。想要将冷压蔬果汁的饮食方法持续下去，最重要的就是配合自己的身体状况随时调整。认真对待自己的身体，一定会有新的发现，也一定感受得到身体的变化。

　　想要体验冷压蔬果汁带来的功效，最好持续3天以上。这里先向大家介绍一天份的菜单。

　　在平日忙于工作的生活中，要每天持续冷压蔬果汁的饮食并非易事。因此，一周选择一天进行冷压蔬果汁的饮食，是长久持续下去的诀窍之一。一周一次或许无法立即见效，但你一定感觉得到身体慢慢变轻盈，心情也逐渐愉快起来。

　　尝试几次"一日蔬果汁"后，若觉得能够持续下去，就可以慢慢增加天数。

"一日蔬果汁"菜单的初学者

■ 每天合计2400mL

书中的食谱以每杯400mL为标准。从红、橙、绿、紫、白蔬果汁中各挑一种自己喜欢的组合，再依个人喜好从中挑一杯，共6杯，合计每天至少喝2400mL。

■ 务必从绿色蔬果汁中选一种

摄取大量黄绿色蔬菜，能加倍提升排毒功效。建议在活动开始之前的早晨或中午饮用。

■ 从白色蔬果汁的坚果饮料系列中选500mL

生坚果富含蛋白质和脂肪，能够增加饱腹感。白色蔬果汁适合睡前饮用，可防止睡前因饥饿难眠。可稍微多一些，选择500mL左右。

■ 全部事先榨好也没关系

榨好的新鲜果汁立即喝当然最好，但冷压蔬果汁不立即喝也无妨，可以在挑战"一日蔬果汁"饮食的前一天将所有冷压蔬果汁一次备齐，这样当天就能愉快地享用一番了。

ONE DAY 模式 1

集中修补疲劳带来的损害
5种颜色＋1种香辛料

柠檬草的香气与黄瓜的鲜嫩滋味。想要转换心情时就来一杯吧！

想增强造血功能时，早晨来一杯；想补充能量时，中午来一杯；想排除空腹感时，睡前来一杯。

番茄与芹菜，蔬菜味浓郁的蔬果汁，可以享受蔬菜浓汤般的美味。

Green 绿色

饮用时间
下午

【材料】
菠菜……4棵
黄瓜……1.5根
柠檬……1个
柠檬草……10棵
盐……少许

Purple 紫色

饮用时间
中午&晚上

【材料】
紫甘蓝……1/4个
苹果……1/2个
黄瓜……1根
甜菜根……1/2个
葡萄……10颗
猕猴桃……1个

Red 红色

饮用时间
整天

【材料】
番茄……2个
苹果……1/2个
柠檬……1个
芹菜（茎）…1棵份

使用大量柑橘类，一杯富含维生素C的蔬果汁。有些疲惫时，喝上一杯。

没有食欲或胃不舒服时，来点口感清爽、甜味温和的蔬果汁。

番茄的酸味和覆盆子的甜味，一杯会令人上瘾的美味蔬果汁。辣椒粉可以突显美味。

Yellow&Orange
橙黄色

【材料】
- 甜橙 …………1个
- 黄椒 …………1个
- 柠檬 …………1个
- 苹果 …………1/2个

饮用时间 早晨

White 白色

【材料】
- 苹果 …………1.5个
- 白萝卜 …………3cm
- 柠檬 …………1个
- 生蜜 …………1大匙

饮用时间 早晨

Spice 辣味

【材料】
- 番茄 …………2个
- 芹菜 …………1棵
- 覆盆子 …………15颗
- 海盐 …………少许
- 辣椒粉 …………少许

饮用时间 中午

ONE DAY 模式 2

打造美丽肌肤
5种颜色 + 1种超级食物

> 奇亚籽是可以增加饱腹感的超级食物，觉得肚子有点饿时，来一杯吧！

> 菠萝的甜味让蔬果汁喝起来就像甜点般美味。薄荷的清新香气有助于赶走午后的睡意。

> 椰子水清爽的口感搭配苹果温润的甜味，让身体更易吸收。

Super food 超级食物

饮用时间：早晨&晚上

【材料】
甜菜根……………1个
柠檬………………1个
奇亚籽（事先浸泡）…随意

Yellow&Orange 橙黄色

饮用时间：下午

【材料】
胡萝卜……………1根
菠萝………………1/4个
青柠………………1个
薄荷………………1把

Green 绿色

饮用时间：整天

【材料】
小油菜……………3棵
苹果………………1个
薄荷………………1把
椰子水……………200mL

088

想要彻底清醒，建议来一杯具有刺激味的生姜蔬果汁，可以得到充分的满足感。

想要有美肤功效，建议睡前饮用。薄荷的清香搭配葡萄柚的微苦，十分清爽的风味。

觉得肚子饿时来一杯，坚果富含油脂，可以增加饱腹感。

Red 红色

饮用时间 **早晨**

【材料】

苹果……………1个
甜菜根…………1个
香芹……………1棵
生姜……………1节
龙舌兰糖浆……随意

Purple 紫色

饮用时间 **睡前**

【材料】

紫甘蓝…………1/2个
葡萄柚…………1个
生姜……………1节
薄荷……………2把
龙舌兰糖浆……随意

White 白色

饮用时间 **晚上**

【材料】

白花椰菜………1/2个
芜菁……………2个
香蕉……………1根
生腰果（事先浸泡）……5大匙
水………………200mL
盐………………少许

ONE DAY 模式 3

体内环保，净化排毒
5种颜色 ＋ 2种食材

令人心情愉快的美丽红色，具有提升抗氧化作用与新陈代谢的功效，建议睡前来一杯。

具有非常好的排毒功效，但最好不要在出门前饮用。

只需要2种食材的简单食谱，能有效净血、消除疲劳、减肥、调整肠胃、排毒。

Red 红色

【材料】
红椒 ………… 1个
覆盆子 ……… 15颗
柠檬 ………… 1.5个
薄荷 ………… 1把

饮用时间
中午&晚上

Green 绿色

【材料】
小油菜 ……… 2棵
芝麻菜 ……… 5棵
香菜 ………… 1棵
甜橙 ………… 1个
柠檬 ………… 1个
薄荷 ………… 3g

饮用时间
早晨

Two 2种

【材料】
甜菜根 ……… 1个
葡萄 ………… 10颗

饮用时间
整天

芜菁温热身体，坚果饮料增加饱腹感，而橄榄油则可以促进排便。

芒果搭配椰子细粉，充满甜点风味的蔬果汁。可以当做下午茶的点心。

以高抗氧化作用的多酚为主角的蔬果汁。适合在成长激素活跃的夜晚饮用。

White 白色

饮用时间 **早晨**

【材料】
- 苹果 ……………… 1个
- 芜菁 ……………… 2个
- 生杏仁（事先浸泡）… 2大匙
- 水 ………………… 200mL
- 特级初榨橄榄油 …… 少许

Yellow&Orange

饮用时间 **下午**

橙黄色

【材料】
- 胡萝卜 …………… 1根
- 芒果 ……………… 1个
- 卷心菜 …………… 1/4个
- 柠檬 ……………… 1/2个
- 椰子细粉 ………… 少许

Purple 紫色

饮用时间 **晚上**

【材料】
- 紫甘蓝 …………… 1/2个
- 葡萄 ……………… 10颗
- 苹果 ……………… 1个
- 柠檬 ……………… 1个

活用蔬果渣的料理食谱

RE USE

使用大量蔬菜和水果制作而成的冷压蔬果汁。事实上，第一次制作冷压蔬果汁，最令人感到惊讶的是压榨完所产生的大量蔬果渣。如果直接丢弃，那蔬果渣就成了垃圾；如果能够活用蔬果渣的纤维口感，就可以变身成炖菜料理、蔬菜汤、沙拉酱等。

一边制作冷压蔬果汁，一边研究活用蔬果渣的食谱也是一件非常有趣的事。既然有心做些对身体有益的事，就让我们同时也尽量好好爱护地球吧！

Dressing 沙拉酱

Point

胡萝卜榨成汁后，容易产生大量的胡萝卜渣，可以事先多准备几道活用胡萝卜渣的食谱。非常特别、具有嚼感的沙拉酱，为您强力推荐。

紫甘蓝沙拉酱

【材料】容易制作的分量

紫甘蓝渣……60g（1/4个份）
洋葱（切碎）……1/2个
A ┌ 特级初榨橄榄油…10大匙
  │ 白葡萄酒醋………2大匙
  │ 黑胡椒……………1小匙
  └ 孜然粉……………1小匙

【制作方法】

1 将A放入搅拌盆中，用打蛋器搅拌至乳化。
2 将其他食材加入1里，搅拌均匀。

胡萝卜沙拉酱

【材料】容易制作的分量

胡萝卜渣……………60g
红洋葱（切碎）……1/4个
黑橄榄（切碎）……10g
番茄干（切碎）……10g
A ┌ 特级初榨橄榄油…10大匙
  │ 醋…………………2大匙
  │ 盐…………………2小匙
  └ 黑胡椒……………适量

【制作方法】

1 将A放入搅拌盆中，用打蛋器搅拌至乳化。
2 将其他食材加入1里，搅拌均匀。

菠菜沙拉酱

【材料】容易制作的分量

菠菜渣………………30g
盐海带………………5g
焙炒芝麻……………1小撮
A ┌ 胡麻油……………10大匙
  │ 醋…………………2大匙
  │ 盐…………………2小匙
  └ 酱油………………1小匙

【制作方法】

1 将A放入搅拌盆中，用打蛋器搅拌至乳化。
2 将其他食材加入1里，搅拌均匀。

Point

坚果饮料是难得的美味，而榨成汁后剩余的坚果渣也别有一番风味。搭配捣成泥的马铃薯和洋葱，崭新的美味就能呈现在眼前。

Soup 汤品

坚果汤

【材料】4～6人份

坚果类榨成汁剩余的渣	80g
洋葱（切薄片）	1/2个
马铃薯	2个
特级初榨橄榄油	1大匙
水	500mL
粗盐	1小匙
盐	适量
胡椒	适量

【制作方法】

1 马铃薯削皮，切成一口大小，浸泡在水里5分钟左右，捞出后放在竹篓里沥干。
2 将洋葱和特级初榨橄榄油倒进锅里，用中火拌炒。洋葱软了之后，加入1和坚果渣，继续拌炒1分钟左右，然后加水。沸腾后加入粗盐，转为小火。盖上锅盖焖煮20分钟。
3 将2放凉后，用果汁机搅拌均匀。
4 放回锅里加热，用盐和胡椒调味。

苹果甜菜根汤

【材料】容易制作的分量

A ┌ 苹果渣	80g（1/2个分量）
└ 甜菜根渣	80g（1个分量）
洋葱（切薄片）	1/2个
大蒜（切碎）	1瓣
生姜（切碎）	1节
特级初榨橄榄油	1大匙
蔬菜汤粉	依包装上的使用分量
水	500mL
盐	适量
胡椒	适量
酸奶油	适量

【制作方法】

1 将洋葱和特级初榨橄榄油倒进锅里，用中火拌炒。洋葱软了之后，加入大蒜和生姜。爆香后加入A，边炒边搅拌，然后加水。
2 沸腾后，加入蔬菜汤粉，盖上锅盖焖煮10分钟。
3 将2放凉后，用果汁机搅拌均匀。
4 放回锅里加热，用盐和胡椒调味。
5 装在容器中，依个人喜好添加酸奶油。

RE
USE

Stew 炖物

炖鸡翅

【材料】4~6人份

绿色蔬果汁4（P.44）的蔬果渣	80~100g
水	200mL
洋葱（切碎）	1个
大蒜（切碎）	1瓣
鸡翅	500g
柠檬（切片）	1/2个
粗盐	1小匙
白葡萄酒	100mL
特级初榨橄榄油	2大匙
盐	适量
胡椒	适量

【制作方法】

1 将水和绿色蔬果汁4的蔬果渣一起放入果汁机中搅拌。

2 鸡翅上撒上盐，置于常温下5分钟左右。鸡翅出水后，用餐巾纸拭去水分，撒上胡椒。

3 在平底锅里倒一些特级初榨橄榄油（分量外），热油。将2放进平底锅里煎至鸡翅皮变成金黄色。倒入白葡萄酒，待酒精挥发后，将平底锅从火炉上移开。

4 将洋葱和特级初榨橄榄油倒进锅里，用中火拌炒。洋葱软了之后，加入大蒜。爆香后，将1和3连同汁一起加入。

5 沸腾后，加入切片柠檬，转为小火。盖上锅盖焖煮20分钟。

Point

如果有叶菜类+草本植物+柑橘，不用绿色蔬果汁4的蔬果渣也可以。

RE
USE

无论哪一种蔬果渣,都非常适合用来制作松饼。小油菜富含膳食纤维,能够品尝到特别的口感,诚心推荐给您。

Pancake 煎饼

小油菜煎饼

【材料】2片份

小油菜渣	50g
蛋	1个
牛奶	150mL
松饼粉	150g

【制作方法】

1 蛋和牛奶倒入搅拌盆中,搅拌均匀。加入小油菜渣后,再次拌匀。

2 将松饼粉加入1里面,轻轻拌匀。

3 将不粘平底锅置于火炉上,锅热后从火炉上移开,置于湿毛巾上冷却。

4 继续用小火加热平底锅,倒入一半的2,煎3分钟,翻面后再煎2分钟。用竹签扎一下,若面糊没有粘附在竹签上就完成了。

Meatballs 肉丸子

Point

■ 柑橘类的白色部分加热后容易释放苦味,所以榨成汁之前,请将白色部分削干净。
■ 因蔬果渣多为纤维素,所以肉品部分选用猪肉,成品会比较多汁。

猪绞肉丸子串

【材料】4~6人份

A	橙黄色蔬果汁4(P.37)的蔬果渣	120g
	猪绞肉	250g
	生姜(切碎)	1节
	葱(白色部分,切碎)	1棵份
	鱼露	1小匙
	盐	适量
	胡椒	适量
	马铃薯淀粉	1大匙
食用植物油(色拉油)		适量
原味酸奶		适量

【制作方法】

1 将A倒入搅拌盆中,充分搅拌,搓成椭圆形,用竹签串起来。

2 在平底锅里倒一些色拉油,热油。先煎一面,呈金黄色后再翻到另外一面,盖上锅盖,用小火焖煮5分钟。

3 盛装在盘子上,最后淋上原味酸奶。

RE USE

Curry 咖喱

Point
细碎的蔬果渣是炖煮料理的最佳拍档。添加大量香辛料的咖喱能够促进新陈代谢，有助于打造健康漂亮的体态。

咖喱

【材料】4～6人份

红色蔬果汁2（P.27）的蔬果渣	100～150g
鸡绞肉	600g
番茄（罐装，切方块）	400mL
黄油	40g
孜然籽	1大匙
A ┌ 洋葱（切碎）	1个
├ 生姜（切碎）	1节
└ 大蒜（切碎）	1瓣
┌ 红辣椒（去籽）	1根
│ 咖喱粉	2大匙
B │ 印度综合香辛料（Garam masala）	1大匙
│ 姜黄	1小匙
└ 香菜粉	1小匙
水	600mL
鸡骨汤粉	1小匙
粗盐	1小匙
盐	适量
胡椒	适量
姜黄饭	适量
综合生菜叶（可有可无）	适量

【制作方法】

1 将黄油放进锅里加热，快炒一下孜然籽。爆香后，将A倒入锅里，用中火热炒15～20分钟。

2 加入B，有香味后加入鸡绞肉一起炒。

3 加入蔬果渣和番茄，以压碎般的方式边炒边搅拌。加入水、鸡骨汤粉、粗盐，煮沸后盖上锅盖，用小火焖煮20分钟。

4 用盐和胡椒调味。

5 将姜黄饭盛装在盘子上，淋上4，最后摆上综合生菜叶。

姜黄饭

【材料】4～6人份

米	3杯
┌ 水	540mL
│ 姜黄粉	1小匙
A │ 色拉油	1大匙
│ 白豆蔻（整粒）	2粒
└ 月桂叶	1片

【制作方法】

1 洗米，置于竹篓上10分钟左右，沥干水。

2 将1和A放入厚底锅中，搅拌均匀。

3 用中火加热2，沸腾后盖上锅盖，用小火煮12分钟。熄火后闷10分钟左右。

Juice Materials INDEX
冷压蔬果汁食材索引

B

白荳蔻　75

白花椰菜　58、89

白萝卜　60、80、87

菠菜　42、45、47、69、71、73、81、86

菠萝　30、37、44、55、88

薄荷　28、37、43、52、69、75、88、89、90

D

大白菜　63

大麻籽粉　69

丁香粉　74

F

番椒粉　44

番茄　27、29、31、72、78、81、86、87

粉红果肉葡萄柚　35

覆盆子　28、72、87、90

G

葛缕子籽　74

枸杞　29、71

H

哈密瓜　46、63

蒿子杆　44、71

核桃　71

黑胡椒　61、73

红椒　28、30、90

胡萝卜　34、37、39、69、71、74、75、77、88、91

黄瓜　30、31、45、46、54、55、69、71、72、81、86

黄椒　38、75、87

J

坚果饮料　80

姜黄　39、71

九层塔　42、53

卷心菜　29、39、42、61、69、71、73、74、75、91

L

辣椒　30、47、78

辣椒粉　72、87

蓝莓　55

龙舌兰糖浆　26、52、89

M

马其莓　69

玛卡　35、69

芒果　39、91

迷迭香　36

猕猴桃　54、59、69、86

米乳　55、61、71

抹茶　46、71

木瓜　36

N

柠檬　27、28、29、30、34、35、38、39、

42、44、45、50、51、53、60、61、69、71、73、74、75、77、79、86、87、88、90、91

柠檬草　45、86

P

苹果　26、27、38、39、43、51、53、54、60、63、69、72、73、74、78、80、86、87、88、89、91

葡萄　46、51、54、73、79、86、90、91

葡萄柚　35、36、47、50、52、89

Q

奇亚籽　69、88

芹菜　27、36、50、55、61、69、71、72、74、81、86、87

青柠　31、37、42、47、50、61、73、77、88

R

日本水菜　71

肉豆蔻粉　72

肉桂　63、73、80

S

生机可可粉　71

生姜　26、31、34、35、47、52、69、75、78、89

生蜜　60、87

T

特级初榨橄榄油　30、42、63、91

甜菜根　26、30、53、54、69、79、86、88、89、90

甜橙　29、34、35、38、39、44、71、73、74、77、87、90

W

莴苣　44、61、72

芜菁　46、58、59、63、89、91

X

香菜　44、90

香蕉　58、59、89

香芹　26、31、46、71、89

小茴香　30

小茴香籽　75

小油菜　43、44、69、73、79、88、90

杏仁　63、69、91

Y

盐、海盐　31、45、53、58、72、86、87、89

腰果　58、63、89

椰奶　55、59

椰糖　72

椰子水　43、88

椰子细粉　39、91

椰子油　71

Z

芝麻菜　44、90

紫甘蓝　30、50、51、52、53、54、55、86、89、91

综合生菜叶　72

101

不断食汤谱 7天喝出易瘦好体质

定价：29.80元

国际药膳师冈本羽加倾力打造，无需断食，轻松喝出易瘦好体质。5种常见食材，简单煮，不耗时。结合中医理论，科学健康瘦身。风靡日本，经无数减肥达人亲身验证。

冷饮&热饮

定价：36.00元

日本20家人气店铺114款人气饮品大集结！种类众多，包括碳酸饮料、奶昔、冰沙、咖啡、创意茶饮、日本茶、花草茶、蔬果饮料、微醺鸡尾酒……总有一款适合你！

办公桌边儿上的治愈系水族瓶

定价：39.80元

日本职业水空间设计师倾心打造，在小小的瓶子里做出微型的自然。美化环境，疗愈心灵！

蔬果排毒水正流行

定价：39.80 元

水 + 蔬果 = 功效加倍的排毒水！让我们一同见证肌肤每日的蜕变吧！

玻璃罐：蔬果变形计

定价：39.80 元

思慕雪、排毒水、蔬果沙拉……都在玻璃罐中制作，让玻璃罐变身成色彩缤纷、营养丰富的随身小厨房。一起来吧，每个清晨都用维生素满溢的玻璃罐开启丰富多彩的一天！

图书在版编目（CIP）数据

安心酵素，即榨即喝冷压蔬果汁 /（日）岩本惠美子著；龚亭芬译. —— 北京：光明日报出版社, 2016.5
ISBN 978-7-5194-0386-7

Ⅰ.①安… Ⅱ.①岩…②龚… Ⅲ.①蔬菜 - 饮料 - 制作②果汁饮料 - 制作 Ⅳ.①TS275.5

中国版本图书馆CIP数据核字(2016)第070555号

著作权合同登记号：图字01-2016-2145

KOUSO GA TAPPURI JIKASEI COLD PRESSED JUICE
© EMIKO IWAMOTO 2015
Originally published in Japan in 2015 by ASAHIYA SHUPPAN CO.,LTD..
Chinese translation rights arranged through DAIKOUSHA INC.,KAWAGOE.

安心酵素，即榨即喝冷压蔬果汁

著　　者：[日]岩本惠美子	译　　者：龚亭芬
责任编辑：李　娟	策　　划：多采文化
责任校对：于晓艳	装帧设计：水长流文化
责任印制：曹　净	

出　版　方：光明日报出版社
地　　　址：北京市东城区珠市口东大街5号，100062
电　　　话：010-67022197（咨询）　　传　　真：010-67078227，67078255
网　　　址：http://book.gmw.cn
E - m a i l：gmcbs@gmw.cn　lijuan@gmw.cn
法律顾问：北京德恒律师事务所龚柳方律师

发　行　方：新经典发行有限公司
电　　　话：010-62026811　　E - mail：duocaiwenhua2014@163.com

印　　　刷：北京艺堂印刷有限公司
本书如有破损、缺页、装订错误，请与本社联系调换

开　　本：889×1197　1/16
字　　数：100千字　　　　　　　　　印　　张：6.5
版　　次：2016年5月第1版　　　　　印　　次：2016年5月第1次印刷
书　　号：ISBN 978-7-5194-0386-7

定　　价：38.00元

版权所有　翻印必究